我和
猫咪的
舒适小家

猫がよろこぶ
インテリア

[日]矢野美沙绘 …… 著
黄文娟 …… 译

ヤノ ミサエ

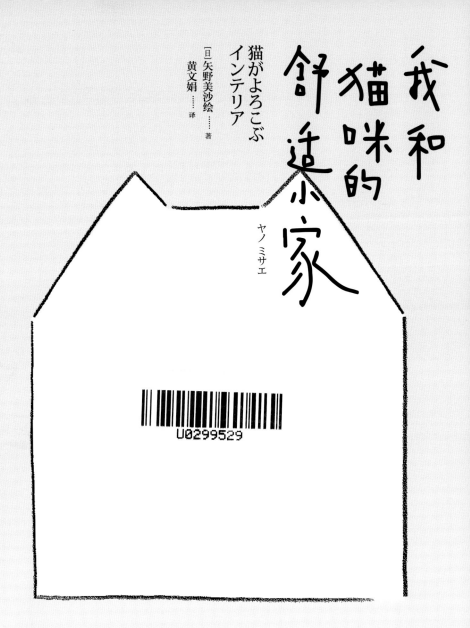

中信出版集团 | 北京

图书在版编目（CIP）数据

我和猫咪的舒适小家 / (日) 矢野美沙绘著 ; 黄文娟译 . -- 北京 : 中信出版社 , 2020.11
ISBN 978-7-5217-1817-1

Ⅰ . ① 我… Ⅱ . ① 矢… ② 黄… Ⅲ . ① 猫－驯养
Ⅳ . ① S829.3

中国版本图书馆 CIP 数据核字 (2020) 第 070537 号

NEKO GA YOROKOBU INTERIOR
Copyright © Misae Yano, 2017.
Chinese translation rights in simplified characters arranged with
TATSUMI PUBLISHING CO., LTD.
through Japan UNI Agency, Inc., Tokyo
Simplified Chinese edition copyright: 2020 © CITIC Press Corporation
All rights reserved.

本书仅限中国大陆地区发行销售

我和猫咪的舒适小家

著　　者：[日]矢野美沙绘
译　　者：黄文娟
出版发行：中信出版集团股份有限公司
　　　　　（北京市朝阳区惠新东街甲4号富盛大厦2座　邮编　100029）
承 印 者：北京利丰雅高长城印刷有限公司

开　　本：880mm×1230mm　1/32　　印　张：4.25　　字　数：50千字
版　　次：2020年11月第1版　　　　印　次：2020年11月第1次印刷
京权图字：01-2020-5461
书　　号：ISBN 978-7-5217-1817-1
定　　价：58.00元

欢迎来到与 4 只猫
一起幸福生活的矢野家！

跟猫咪一起生活和自己喜欢的家装，
哪一个都不想放弃！

大家好，我是矢野美沙绘。从小我家就一直养猫，长大后即使离开了老家，还是希望身边有猫陪伴。如今我被 4 只猫包围，过着幸福快乐的独居生活。

跟猫一起生活，有一件事我无论如何都想去实现，那就是：既想让猫在家生活得愉快，又不想放弃自己心仪的家装风格！一旦有了猫，家中就会出现猫窝、猫笼、猫垫子等东西，猫食盆和猫厕所也占据了地板的空间……不知不觉中，家中就离时尚感越来越遥远，变成了到处都是猫用品的房间。

我喜欢极简风格的家装，东西少才能让我感到安心舒适。即使有了猫，我也不想放弃这种生活方式。带着这个愿望，我在反复试错中前行，终于打造出理想的居住环境。这本书就是向大家展示我在试错过程中发现的规律和小窍门，希望能对跟我有同样愿望的人有所帮助。

矢野家的猫咪们

4只猫都很乖，相处融洽，不怎么打架！

琪 琪

完全不认生，团子脸，家里的门面担当

美国短毛猫　　♂ 13岁

朋友家的猫，因无法继续饲养由我代为照顾。爱摇着尾巴对人撒娇，梦想是奶油面包吃到饱，是很会照顾小猫的老前辈。

雷 奥

矢野家最爱撒娇的小少爷

茶虎斑　　♂ 9岁

夹在树根处被人救起，因为认生所以总是藏起来，被朋友称为"幻影猫"。喜欢吃别的猫的醋。不肯让我给它剪指甲让我很伤脑筋。

琪 丹

特技是藏在一只拖鞋里

虎斑　　♂ 11岁

在空房子中被人发现，经过救助站辗转来到我家，有癫痫的老毛病，如今已经好了很多，可以悠闲自在地生活。兴趣是舔毛，但是舔得太勤，总是把自己舔秃……喜欢在被子上睡午觉。

鹌 鹑

自由放养的熊孩子

虎斑　　♂ 7岁

被人埋在沙地里，被我妈妈救起。有咬布制品的癖好，还因为吃到肚子里引发过肠梗阻。对食物有着浓厚的兴趣，或者说是贪吃，喜欢绿叶蔬菜。

琪琪、琪丹、雷奥、鹌鹑的一天

猫咪的一天过得十分惬意，
来看看它们这一天都干了什么。

咔嚓咔嚓

咯吱咯吱

早上 4 : 40

这么早起来，是因为肚子饿了

我们 4 只起得都很早，你问为什么起这么早，当然是因为肚子饿了跟美沙绘要吃的啊！哇——开饭喽！

早上 7 : 00

上厕所的时间

我家虽然有 4 只猫，但是 1 楼和 2 楼都有厕所，大家不用担心抢不到厕所，而且厕所一直都很干净。

早上 5 : 00

吃完了一般会回去睡觉

我们吃完了马上就犯困，擅长睡回笼觉。美沙绘好像也去睡回笼觉了，大家一起睡。

早上 6 : 30

在洗脸池喝水

美沙绘洗脸的时候，我们就近去喝水。喜欢水龙头里流出来的新鲜的水！

好困……

中午 11：00

运动过后就犯困

楼上楼下地跑好累啊……在这里稍微打个盹。

咔嚓咔嚓

咯吱咯吱

下午 17：00

吃晚饭啦！

虽然我们也吃午饭，但是晚饭一定要吃得好！看，我们的用餐礼仪不错吧！

盯……

中午 12：00

喜欢看风景

我们喜欢高的地方。在猫爬架上能看到外面，整个房间也能尽收眼底——就是容易犯困。

下午 13：00

跟软管嬉戏

跟美沙绘一起玩，好想抓住这扭来扭去的软管啊！哎，为啥总是抓不住？

目录

1 矢野家的房间布局

2

和猫咪愉快生活的小窍门

手工制作猫玩具的小窍门

小研究 1   听听家庭动物居住环境研究专家的意见！

小研究 2   听听 DIY* 挑战者的意见！

* "Do It Yourself" 的英文缩写，意思是自己动手制作。

3 去参观别人的家

1

矢野家的房间布局

猫咪们住起来也很适宜哦!

客厅

宽敞的客厅
让人和猫都很舒服。

让猫咪更加自由自在的客厅

我家最敞亮、阳光最充足的地方就是客厅，这里有可以让猫咪随意走动的宽敞空间。有阳光的时候，猫咪可以在自己喜欢的地方打滚晒太阳。猫窝配合家装严格筛选，避免数量不断增加。柜子设计成台阶状的猫跳板，从墙上的猫隧道钻出去就是楼梯。

客厅中有一个穿过天花板、连接到楼梯的猫隧道。

餐厅

猫咪在身边走来走去
畅通无阻的餐厅

我一般在餐桌上吃饭，而这里正好对着空调口，猫咪们经常会舒服地趴在桌子上吹风，所以平时餐桌上我什么都不放。柜子上也尽量不放东西。不过家里装饰品太少了不免有些单调，可以在墙上挂装饰画来丰富家装。

跟客厅无阻隔的开放式餐厅。

餐桌上不放东西。

卧室

跟猫咪一起睡的话，双人床更宽松舒适。

提供舒适睡眠的卧室

因为要跟 4 只猫一起睡，我选择了双人床；两只猫的话可以睡单人床，但是跟 4 只猫一起睡单人床就太挤了。床足够宽敞，猫咪们也不会为了争地盘打架。要在床、床头柜、写字台之间设计好猫咪行走的动线，比如为了让猫能从床头柜跳到窗台上，要精心设计床的摆放位置。

卧室里的家具只有床、写字台和床头柜，因此房间很宽敞。

看不见东西的厨房

猫咪会跳到厨房的洗涤台上，为了让它们随便跳，吃完饭后要马上收拾。储藏柜的门有一次我没关紧，琪琪自己开门钻进去了。之后，食品我都放在厨房的抽屉里，不再放到储藏柜里。猫咪吃饭的地方在水槽附近的话，方便收拾，于是我把4套猫碗整齐地摆在洗涤台前。

餐具基本上都收纳在储藏柜里。

4 只猫的小饭桌并排放着。

写字台

在猫咪的关注下工作。

2楼　　　写字台

卧室

挑空

露台

浴室

床旁边就是写字台，这地方
意外地容易集中注意力。

猫咪可以随意跳的干净写字台

我工作时一般会使用笔记本电脑，猫咪们很喜欢电脑吹出来
的散热风，所以它们会跳到写字台上。因为它们都很乖、不
捣乱，我尽量不在写字台上放东西，确保猫咪有坐的空间；
还下定决心选购了没有抽屉的写字台，也是为了提醒自己不
要再增加东西。

跟猫咪
一起舒适生活的 **10** 个法则

对猫咪来说，可以舒展地躺下来打滚的地方就是清洁安全的地方——想要跟猫咪过上舒适的生活，就要了解什么能让对方感到愉快。

1

看上去清爽最重要

衣柜是猫咪们的避难所。我本来衣服
就少，为了确保猫咪们有进入的空间，
衣服不会塞得满满的，留有足够的空间。

2

不要囤积过多的食品

东西一多就占地方，好在食品可以用收纳盒分装。市面上销售的食品的包装一般都很花哨，跟家装格格不入，将这些东西都放入收纳盒中，能起到隐藏的作用。

干粮放在透明可见的容器中

我把猫的干粮放在无印良品出品的冰箱用米桶中。这款米桶是透明的，可以看到存量，而且盖子就是量杯，不借助其他工具就可以倒出适量的猫粮，非常方便。

湿粮放在铁皮箱里

猫咪的湿粮放在无印良品出品的铁皮箱里。之前猫咪趁我不在家偷吃湿粮，搞得房间里到处都黏糊糊的，后来我就把湿粮放在铁皮箱里，再放进抽屉。

减少地垫，打扫更轻松

门口的地垫、厨房的垫子、厕所地垫、
浴室的防滑垫上沾了猫毛都很难清除，
所以我一概不铺。这样一来拖地板更
容易，要洗的东西减少了，做家务的时
间也缩短了。

法则

4

决定打扫的顺序

我很讨厌大扫除,打扫都是平常抽空一部分一部分地清理,比如在烧水期间或者猫咪吃饭的时候随手清理客厅地板。只要将地板、厨房、厕所清理干净,就算突然有客人来,也能应付自如。

干净的厕所

5

不在容易掉东西的地方放东西

以前猫咪经常将东西推到地上打碎，惹得我大为光火。有一天我顿悟：明明是我自己不好，将东西放在容易掉下来的地方。这样一想，其实危险都是可以提前预防的。老跟猫咪生气自己也很累，不是吗？

严格筛选纸箱，其他的都丢掉

猫咪钻进纸箱里卖萌的场景，想必有
猫的家庭都经历过。如果觉得猫咪钻
箱子这个行为太可爱了就将箱子留下
来，家里的小箱子就会越来越多。除
了确定要留下来的箱子，其他的过几天
就扔掉吧。

法则

设计猫咪的行动路线

因为猫喜欢上下运动，如果将柜子组合成阶梯状，它们就会轻快地在上面跳来跳去，然后在最高的地方休息。建议大家先构思猫咪的行动路线再配置家具。

不用特地买给猫专用的东西，买人和猫都可以用的东西一举两得。比如我买的用来做花盆套的大号布篮，弯折后在里面放个软垫就变成了猫窝。要养成先考虑"这东西猫是不是也能用"再购买的习惯。

选择人与猫都可以用的东西

这个布篮有两种使用方式。

将上半部分折下去。

在里面放上软垫。

猫咪就会自动躺进去。

立起来可以做花盆套的布篮

用来放杂志的篮子……

被琪琪钻进去啦！

在买放杂志的容器时，我想着"如果买篮子的话，猫也能钻进去"，于是就买了可以收纳竖放杂志的大篮子。将看过的杂志处理掉后，猫咪马上就钻进去了！

9

制造可以看到景色的场所

猫喜欢看外面，会一直盯着活动的鸟或小虫等，并且做出反应。在窗边放置一个特等席一样的猫爬架，就可以从高高的窗口向外看了。景色看腻了还可以睡觉。

法则

10

为猫咪选择结实的材料

在玄关的水泥地上涂上防水漆，就不用担心猫的小便或呕吐物渗透了。磨爪、吐毛都是猫的天性，既然如此，就事先用结实的材料做好防护，之后就放宽心随便它们折腾。

啊!

如果 4 只猫一起跑，我一个人实在是抓不过来。于是我用瓦楞塑料板做了隔栏，放在不想让它们进去的地方。这样一来我就放心了。这种隔栏不仅轻巧，还可以折叠，非常方便。

用瓦楞塑料板制作防止猫跑走的隔栏

我家的隔栏用黑色胶带做了装饰

如果你家里有猫跳上去有危险，或是不能让它们进去的场所，阻止猫前行的隔栏就能大显身手了，用瓦楞塑料板就能轻松制作。

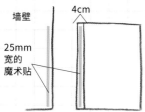

墙壁

4cm

25mm宽的魔术贴

1 贴魔术贴

在放置隔栏的墙壁边缘和塑料板的一侧贴上魔术贴。

2 加深折痕

将塑料板等宽折，在折弯的凸侧用美工刀划一下加深折痕。

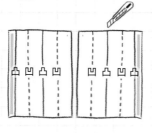

凸凹凸凹　凹凸凹凸

3 贴合，折成波浪状

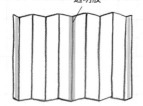

透明胶

将两块塑料板用透明胶贴合，折成波浪状。

4 贴在墙上

用魔术贴将塑料板贴在墙上，防止猫咪乱跑的简单隔栏就做好了。

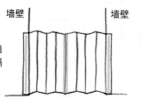

墙壁　　墙壁

材料

· 瓦楞塑料板（我家用的是两块 90cm×130cm 的板子）
· 贴塑料板用的透明胶
· 魔术贴（25mm 宽）
· 美工刀

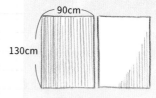

90cm

130cm

什么是瓦楞塑料板？

瓦楞塑料板是塑料制的中空板，把它当成塑料质地的瓦楞纸板就容易理解了。

要点

为了不让猫咪轻松跳过去，瓦楞塑料板最好选用尺寸较高的；根据使用的场所，适当调整塑料板的宽度。我想把隔栏放在家中宽约 167cm 的地方，就用了两块 90cm×130cm 尺寸的塑料板。

2

和猫咪愉快生活的小窍门

好高兴啊！喵！

防止恶作剧的小窍门

猫看到一些东西会不由自主地想伸爪，如果不想总为此发脾气，就要事先做好防范措施。

不能让它们
抓纸巾

◆ 防止恶作剧 1

抽纸盒要挂在墙上

猫的本能是对所有动的东西出手，看着晃动的纸巾就不由自主地抓啊抓。抽纸盒很轻，并且不能倒扣着放，挂在猫咪够不到的墙上问题就解决了。我买了带挂钩的抽纸盒。

◆ 防止恶作剧 2

用防抓板应对猫咪磨爪

在不想留下抓痕的地方，事先贴上防抓板就能防患于未然。对猫咪来说，磨爪是为了将旧的指甲磨掉长出新指甲，附带做标记。阻止它到处抓很难，所以可以考虑给它制造能随便抓的地方。

猫爪抓不坏的板子，在建材超市、百货超市都能买到。

容易被猫咪拿来玩的东西，将它们"收起来""挂起来""藏起来"

在厨房做饭的时候，猫咪会跳上来向你要吃的。灶台作为猫咪随时都会跳上来的地方，平时最好什么都不放。

我用透明的米桶盛放猫粮。有一次我把米桶留在抽屉外，还忘了盖盖子，于是家里的猫就把猫粮撒得到处都是。

在猫够不着的高处悬挂收纳布制品

猫很喜欢布制品，我家就有个喜欢咬布的毛孩子。于是我把抹布、毛巾都挂在猫咪够不着的地方。

把厨房里零碎的小东西收起来

重的锅具猫不会碰，但是厨房里零碎的小东西很多，比如食材、调味品、刀具。对这些，它们会不由自主地伸爪，所以绝对不要放在外面。

有一天，
发生了猫粮
翻撒事件……

将绳子状的东西"保护起来" "卷起来"

很多猫都喜欢绳子或带子，经常会抓着玩、咬着玩，我家的毛孩子还会咬电线，我生怕它们咬坏了电线触电！好在稍微花点心思，这些危险还是可以预防的。

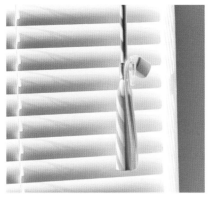

百叶窗的拉绳

因为猫咪喜欢看窗外，不自觉地就会对百叶窗的拉绳伸爪，绳子一晃猫就会抓着玩。将绳子卷起来不让它晃动，猫就不会对它出手。

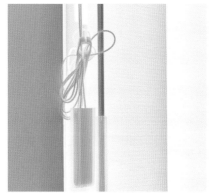

电线

手机充电线之类的细电线特别容易被猫咬断，切一段整理配线用的软管，套在电线外面做保护，猫咪啃不动自然就放弃了。

观叶植物用仿真品

猫通过吃草可以将胃里的毛球吐出来。不过，有些植物它们吃下去会中毒。为了防止猫将有毒绿植吃下去，我用仿真的观叶植物装饰房间。

绿植 **1**

绿植 **2**

绿植 **3**

喜欢花花草草的猫友们，可以将植物放在高处或挂起来，或者围上围栏，花点心思让猫咪接触不到即可。

吃饭时间的小窍门

琪琪和鹌鹑特别贪吃，我做菜的时候
它们会试图偷吃食材。但是我告诉它们
"不能动哦"，它们似乎也能听懂。我
在洗碗的时候，它们会在旁边看着。

猫咪们好像很喜欢看水流出来的样子，
经常表示想喝水。它们用爪子玩水的
样子很可爱，还喜欢观察我在干什么。

◆ 吃饭时间 1

喂湿粮的时候，
用硅酮橡胶果酱勺更方便

扁平的勺子容易将包装袋里面的东西
都挖出来。硅酮橡胶材质柔软，非常
好用。

喂喂！
不能吃我的！

用勺子更容易挖出来！

推荐大家使用无印良品的果酱勺。这个果酱勺因为"容易挖、容易涂抹"而广受好评，它可以
将粘在包装袋上的湿粮全都挖出来。而且这款果酱勺手柄很长，不容易弄脏手指，勺子顶端
的粗细也恰到好处。

用无印良品的亚克力架做猫饭桌

与其将猫食盆和水盆直接放在地板上，不如将它们放在高点的架子上。猫咪吃喝起来会更方便，灰尘和猫毛也不容易掉进去，更加卫生。

无印良品的亚克力架高约 10cm，宽约 26cm，深约 17.5cm，可以并排放两个直径 12.5cm 的食盆。亚克力材质透明，放在地板上看起来很清爽，不会影响家中的装潢风格。

盆子下面贴防滑贴纸

琪琪和鹌鹑都是贪吃鬼，食盆很容易滑落。贴上防滑贴纸，食盆就能稳定地待在架子上了。

轻松打扫的小窍门

大扫除实在太累人了，
我总是抽空一点一点地打扫卫生。

用抹布一点一点地打扫

"啊，那里有团猫毛"——发现了
猫毛，我会马上拿起抹布打扫。
比起用一次性的湿纸巾，我觉得
用抹布更环保。

如果架子上什么都不放，用抹布一擦
就打扫完了。因为家里养猫，东西我
都不放在外面，打扫变得很轻松。

这里

这里

把扫除工具放在"看不见，但随手就能拿到"的地方

如果将打扫工具放在柜子里，
用时还要特地拿出来，人就容
易犯懒。但如果藏在伸手就能
拿到的地方，就能顺手打扫了。

制作针对猫咪呕吐物的打扫专用套装

很多猫咪都会吐毛球。如果不马上打扫，就会留下一摊污渍。我自己整理了一套专门用于打扫猫咪呕吐物的工具，扫除瞬间就能完成。

喷 喷

"JAMES MARTIN"的除菌剂包装设计跟我家的家装风格很搭，我很喜欢。这款除菌剂人与猫都能用。

整理了一套自己喜欢的单色工具

让自己喜欢上打扫的窍门，是收集自己喜欢的清洁工具。我只要看到这些工具，内心就会涌上一种"想要用它们将家里清理干净"的奇妙心情。

洗床单之前，先用滚筒粘一粘猫毛

跟猫一起睡的话，床单上肯定会粘上猫毛。我觉得洗衣机的滤网不能吸附所有的猫毛，所以在放进洗衣机之前，我会先用滚筒粘一粘猫毛。将衣物送去洗衣房洗时，我也会这样做，这是起码的礼仪。

咕噜咕噜咕噜……

用滚筒可以轻松地清理床单的各个角落。

访客的行李放在宜家的盒子里

朋友来玩时，总会跟我家的毛孩子嬉戏，这也是它们的快乐时光。

如果有朋友来我家玩，我会组装一个纸盒，将他们的包放在里面，留意不要让朋友心爱的包粘上猫毛。

组装式纸盒

宜家的纸质收纳盒是组装式的，不用的时候可以将它们叠成薄薄的纸片收起来。我还喜欢用它们装书。

谢谢

◆ 轻松打扫 5

抱过猫之后，
要用滚筒清除身上的猫毛

朋友抱过猫后，回去之前我会用滚筒
将她身上粘的猫毛清除。棉质的衣服
很容易粘毛。

自己看不到衣服后面是否粘毛，别人帮忙用
滚筒粘更有效率。

排水口不要盖盖子

因为我家的毛孩子会玩排水口
处堆积的垃圾，所以我家的排水
口不盖盖子，有垃圾时，我马上
捡出来。

我不用浴室的时候，猫咪会钻进去，
从洗澡盆的边缘跳到浴室的窗台上
向外眺望。

看到垃圾就马上捡出来！

我习惯做完饭之后，马上将排
水口的垃圾取出来。排水口不
盖盖子，看到垃圾就会把它们
取出来，垃圾不会堆积，打扫
也轻松，还不用放滤网。

选择人和猫都能使用的工具

我不想增加家里的东西，所以尽量选择人和猫都能使用的工具。不用特地准备猫咪专用的工具，有很多可替代品。

湿纸巾、消毒剂、除菌剂等，尽量选择没有加入药剂以及香料的类型。

将猫咪的玩具整理好收在抽屉里

猫咪的玩具有各种各样的纹路和花哨的颜色，所以我将它们收在抽屉里。

粉色、紫色、蓝色等，都是与极简风格的家装不匹配的色调，但有些猫咪很喜欢的玩具会用这些颜色，所以只有在和猫咪玩时我才将玩具取出来。

用无印良品的收纳盒
放猫砂和宠物尿垫

猫咪用品的包装一般都很花哨。将外包装扔掉，改用和家装风格统一的容器，是使家里看起来清爽的窍门。

扔掉花哨的包装袋，将猫砂倒进收纳盒

无印良品抽屉型的收纳盒是半透明的，内容物从外部看不清。在前后左右贴上复印纸，就更看不清里面的东西了。

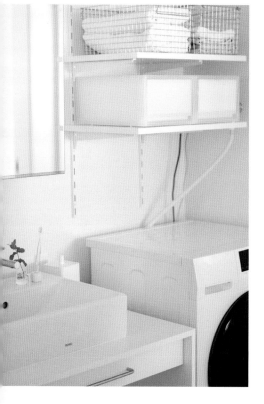

朴素的收纳盒放在架子上看起来也很清爽。谁也不会想到里面放的是猫砂和宠物尿片！

手工制作猫玩具的小窍门

有很多不花一分钱，就能轻松制作的猫玩具哦！

用瓦楞纸箱做猫窝

将猫咪最喜欢的瓦楞纸箱，做成纸房子摆成阶梯状，看它们跳上跳下、钻进钻出、探头探脑玩得不亦乐乎。这就是充满魅力的纯手工猫窝。

材料

· 带盖子的收纳用瓦楞纸箱
（要做几个猫窝就用几个盒子）

· 胶带（黑）

· 彩色纸板
（黑色，要跟瓦楞纸箱的盖子尺寸匹配）

· 美工刀

· 圆规刀
（在建材超市等地可以买到）

· 直尺

· 笔

想做几个猫窝，就准备几个带盖子的瓦楞纸箱。

出入用的洞口用笔画出来，宽度要大于猫的体形。可以根据个人的喜好设计样式。

用直尺辅助，将洞口切下。

在纸箱的侧面用圆规刀切出可以探头和观察外面的洞。

一个猫窝完成了。

6

将几个猫窝用胶带组装在一起。

7

贴住

将3块黑色的纸板，用胶带贴在一起。

8

贴住

将贴在一起的纸板组成三角形，顶端用胶带固定。

9

将三角形的纸板放在猫窝上，底面用双面胶与猫窝固定。

将可裁剪的软垫按猫窝的尺寸修剪后放进去，猫咪就能在窝里舒服地睡觉了。

10

猫窝完成。在侧面开个大洞的话，猫咪就能从不同的位置出入。

不用缝的垫子

将软垫放入布包中，就得到了"不用缝
的垫子"。这种垫子不用缝上封口，方
便洗涤。

材料

· 布包
· 软垫

购买较薄的垫子。这种垫子对猫咪来说，无论是坐在上面还是躺在上面都很舒适。

准备一个布包。布料可以选用材质让猫咪觉得舒服的、花色你喜欢的。

准备一个比布包小一圈的软垫。如果软垫太小的话，布包的空隙就会太大，垫子就会显得松松垮垮的。重点是使用尺寸匹配的软垫。

将布包的提手折到包内，调整软垫位置，"不用缝的垫子"就完成了。开口的部分缝不缝都可以。

◆ 手工制作猫玩具　3

用卷筒纸芯与和纸胶带制作球形玩具

制作这种球形玩具除了和纸胶带，其他
材料基本不需要购买！即使被猫咪玩坏
了也没关系。如果在玩具当中再装点猫
粮，猫咪们就会兴奋地追着它跑。

材料

·卷筒纸芯（1个）

·和纸胶带（适量）

·美工刀

·直尺

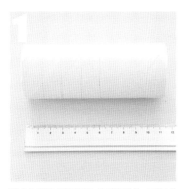

配合和纸胶带的宽幅，将纸芯用美工刀切成
1.5cm宽的圈。

准备4个切成1.5cm宽的纸芯圈。

在每个圈的外面都贴上和纸胶带。

将两个纸芯圈重叠成十字形。

在横向和竖向纸芯圈之间叠加第3个、第4
个圈。

在空隙当中稍微加点猫粮。完成。

材料

· 梯子（高约56cm）
· 塑料PVC防水布
  （剪成可覆盖梯子的尺寸）
· 软垫（也可以用浴巾）

◆ 手工制作猫玩具 4

不用缝的帐篷

在家里的梯子上盖块布，就能做一顶小帐篷；里面再塞个软软的垫子，猫咪就会钻进去把它当作新的猫窝。

架好梯子。将梯子尽量拉开，让猫咪更容易钻进去。

将PVC防水布盖在梯子上面，量好尺寸后剪裁；也可以先用报纸量好尺寸，用报纸做模板在PVC防水布上剪裁。

修剪防水布，长度要垂到地板上。

在"帐篷"里面加个垫子。如果没有尺寸合适的垫子，可以将浴巾叠起来放进去。

材料

- ·桌腿保护套
- ·袋装点心的内部塑料包装
- ·针线（颜色要与桌腿保护套
  的颜色搭配）

◆ 手工制作猫玩具 5

用桌腿保护套做踢踢玩偶

踢踢玩偶的设计灵感，源于猫咪蹬后腿的动作。市面上有很多叫"踢踢玩偶"的玩具，这种猫咪喜爱的玩具可以用桌腿保护套来做。

准备桌腿保护套，一般都是 4 个一组。

将袋装点心的内部塑料包装用手团成团。

将塑料团放入桌腿保护套中，缝合开口。踢踢玩偶就完成了，一碰就会发出沙沙声，这声音会让猫咪很兴奋。

◆ 手工制作猫玩具 6

用袜子做踢踢玩偶

袜子做的踢踢玩偶比桌腿保护套做的
更有分量。可以使用旧袜子，推荐用运
动短袜。

材料

· 一只袜子
· 袋装点心的包装袋
· 和纸胶带
· 针线（颜色要与袜子搭配）

准备一只袜子，如果没有运动短袜，
就将袜筒剪到脚腕处。

将袋装点心的包装袋团起来用和
纸胶带固定，这样猫咪一碰就会
发出声响。

将固定好的包装袋放入袜子中，
缝上袜口。包装袋的体积可以适当
调节。

将纸袋做成玩具

猫咪喜欢又黑又窄的地方，比如大的纸袋，因此我将花纹时髦的纸袋做成了猫玩具。

材料

· 北欧风格的纸袋
（内侧做防水处理）

将纸袋的开口向外折3折，折的宽幅在7cm左右。

折过后，厚实的开口就张开了，放在地上猫咪就会跑过来看，很自然地就会往里面钻。

用很少的生活用品过日子的窍门

来我家玩的人都会异口同声地说："你家的东西好少啊！"其实，家里之所以东西那么少，是因为我在 20 到 40 岁这段时间为了转换心情搬了 7 次家。以前我家的东西也很多，但是每次搬家都会减少一部分，我逐渐习惯了"断舍离"。在这一节，我会回顾一下东西越来越少的过程，总结一些心得。

打扫不能偷懒，要确定清扫的顺序

我其实很讨厌打扫卫生，特别讨厌家里积满了灰尘而不得不抽出时间大扫除。察觉到这一点，我就开始思索如何才能让家里不积灰。我的做法是：有空就一点一点地清扫！比如趁着洗澡水加热期间擦擦洗手池；烧水期间拿抹布将周围擦一圈；趁着 4 只猫在吃饭，赶紧帮它们打扫厕所……总之，在有限的时间内，以极快的速度清理打扫。这时候，优先清扫哪里是有窍门的，我的顺序是地板、厨房、厕所、浴室、储藏柜。

地板是最显眼的地方，确定打扫范围后，利用空当迅速打扫。厨房如果不收拾，任凭猫咪们大闹一通，后果不堪设想，所以一定要对自己强调："东西决不能摊着不管！"厕所和浴室一段时间不清理，之后再打扫就很麻烦。储藏柜因为是看不见的地方，所以放在最后。只要确定了优先顺序，依次打扫这些地方可以了，而且按照顺序做事也能帮自己养成良好的习惯。

我还建议大家经常请人来家里做客，这样可以强制自己每天打扫卫生。因为只要一想到会有人来，就不得不去打扫卫生，于是扫除就变成了每天的必修课。如果有客人来，我就会庆幸："还好事先打扫了。"

因为性格懒散，所以希望扫除能轻松点

喜欢打扫房间、擅长整理归纳的人，家里东西多点不是问题。我本质上是懒散又怕麻烦的人，既讨厌清理房间又讨厌收纳，还养了4只猫，因此希望打扫卫生能轻松点。

如果想尽快将猫毛和呕吐物清理干净，东西当然是越少越好。家里的东西一旦很多，打扫起来就会觉得麻烦，可能做到一半就不想干了。自从有了猫，我家的东西就变少了，换句话说，我不再增加东西。我去拜访过其他的养猫家庭，大家普遍对"因为有了猫，家里变得更容易打扫了"这个话题很有共鸣："多亏有了猫，家里的东西变少了呢。"猫咪就是"扫除之神"！

不再害怕扔东西

在被工作步步紧逼的时候，为了转换心情或者为了寻求更舒适的居住地，我搬了7次家。搬家当然是东西越少越好搬，于是我就锻炼出了"'断舍离'的判断力与行动力"。判断扔不扔的标准是：丢掉后还能不能再次获得。秉持这个标准，我丢掉了很多可以再买的衣服和杂物，但一直舍不得丢掉绝版书和充满回忆的东西。直到去年，我才下定决心扔掉了一些，好在至今还没有后悔。

舍不得扔东西的人性格都很执着，其实我也是这种人。不过当"没了一些东西也丝毫不影响生活"的经验积累多了，扔东西也就没那么可怕了。我现在能爽快地丢掉一些用不着的东西、不会重温的东西了。我最近连照片都在做数据化"断舍离"。照片这东西会不断增加，不会反复看的照片我会尽早删掉。

金卷友子 老师

一级建筑师、家庭动物居
住环境研究专家、家庭动物
健康生活设计事务所"金卷、
小久保空间工房"总负责人。
跟两只猫和家人共同生活。

◆ 听听家庭动物居住环境研究专家的意见！

❶受猫青睐的房间设计 是什么样子的？

人与猫想要在同一个屋檐下愉快地生活，就要了解猫的习性。我们来听听跟宠物一起生活的一级建筑师金卷友子的意见。

对家中的猫来说，什么是它的宝物？

猫咪们会相互蹭脸，用眼神交流，和人类的交流方式没有什么不同。所以当猫将脸靠近你时，是想跟你交流。但要注意不要一上来就摸猫咪不喜欢被摸的地方，要循序渐进地同猫咪亲近。

对猫来说，气味是最重要的。磨爪和蹭脸都是传播自己气味的行为。猫会将自己的气味与喜欢的人的气味混在一起。有些猫经常在沙发上磨爪子，那是因为喜欢的人总是坐在这里。

猫的地盘意识很强，通过染上自己的气味来宣示领地权。玄关处会

猫喜欢干的事

1 到处蹭上自己的气味。

2 盯着动的东西看。

3 待在人聚集的场所。

4 看着人做事。

有不熟悉的气味飘进来，所以在玄关处设置猫抓板，刚好符合猫想在这里染上自己气味的心态。同时，玄关也是让猫咪产生好奇心和压力的地方，会不由自主地想磨爪子。

设置猫抓板的要点，是将它放在通风口的一角。接着在玄关处放置一个可以磨爪子的东西，比如地垫。但需要注意的是，一旦允许它们在这里的地垫上磨爪子，其他的地垫也可能会被它们用来磨爪子。我推荐用硅藻土地垫，容易沾上气味，还凉凉的很舒服。

猫的眼睛会聚焦动的东西，鸟或虫子等会动的生物都能吸引它的注意力。因此猫咪也喜欢看人类做事情。它们喜欢在人聚集的客厅，从比人的视线稍微高的地方向下张望。

猫的宝物是"人聚集的地方"和"人做事的地方"。只要在可以眺望这些场所的地方给猫咪设计落脚点，它们就会很开心。

与狗相比，猫进入人类家中生活的历史很短，家猫与人其乐融融、加深牵绊的可能性，还有很多可以挖掘的地方。

◆ **听听家庭动物居住环境研究专家的意见！**

❷ 受猫青睐的
猫跳板是什么样子的？

花点心思多设计几个视点

很多人都认为猫喜欢高的地方，但是金卷老师说，猫喜欢高处有时候是出于一些消极的理由："猫在高处不肯下来时，有时候是想要逃走，想要避难。猫需要一个可以藏起来、让自己平静下来的相对封闭的场所。在没有这样的地方时，它们就会跑到高处去避难。还有在室内太热或太冷的时候，为了寻找舒适的地方它们也会往高处跑。如果家里有好几只猫，在跟其他的猫关系紧张时，它们也会往高处跑。"而说起猫喜欢高处的积极理由，"大概就是可以俯视整个房间，享受眺望的乐趣"。

也就是说，如果家里只有一只猫无忧无虑地生活，根本不需要高到天花板的猫爬架，比人的身高稍微高点就足够了。

不过，猫跳板的高度会改变猫咪看房间的视角，对好奇心旺盛的猫来说，设计合理的猫跳板会为它的生活增加好几倍乐趣。

设计猫跳板的要点

1 制作可以承受"走""跑""跳"3种动态的跳板。

2 选择可以俯视家人聚集的位置。

3 设计多个场所。

迂回型猫跳板[*]

跳板

30cm　20cm

* 参考《在猫狗居住舒适度上花心思——与宠物护理顾问和一级建筑师一起思考》，金卷友子著，彰国社。

设计猫跳板的窍门有以下几点。

第一，路线和视点是设计的重点。在柱子两边附加跳板的猫爬架，随着跳板改变方向，看到的风景也会发生变化，这样猫就不会看腻。建议把猫爬架放在可以俯视家人聚集的场所，或者可以看到外面景色的地方。

第二，选用合理尺寸的跳板。为了让猫可以在跳板上改变身体的方向、调整姿势，跳板的面积以 20cm×30cm 左右为宜。

第三，根据猫咪的动态组合设计。说起猫的动态，有 4 条腿交替行走的状态，有后腿稍微一蹬跑动的状态，有整只猫都竖起来跳跃的状态。如果能设计出针对这 3 种状态的跳板当然是最理想的。但这不是靠一个猫爬架能完成的，建议大家结合家里的实际情况，根据家里的楼梯、家具的位置，设计多个让猫咪活动的场所。

总之，设计时要考虑猫的习惯和喜好，考虑猫的动态和视线。

K 宅的客厅中安装了装饰架做成的猫跳板。猫咪上下的时候会改变身体方向，因此视线方向也改变了。构思不错。（金卷友子摄）

◆ 听听家庭动物居住环境研究专家的意见！

❸ 受猫青睐的
猫走廊是什么样子的？

即使三面墙都设计了动线，
也要留一面墙什么也不做

O 宅中的猫走廊。
（金卷友子摄）

在跟猫咪一起生活的家庭中，猫走廊最近非常受欢迎。接下来我们来了解下制作要点。

专家建议将猫走廊安装在三面墙上，留一面墙不安装，也就是给猫咪留一个"不跳下去就看不见"的场所，驱使它的好奇心。四面墙都圈起来会让猫咪感到无趣。建议下去的路径有两个方向，同时设置休息场所和窥视孔等，让猫咪驻足。如果是直线通道，猫就会疯跑，容易产生震动和噪声。再有，为了防止猫在熟睡中掉下来，要加上防护栏。

具体设计有以下几点建议。

如果只有一只猫通过，猫走廊的宽度为 20cm 左右即可；如果有两只猫擦肩而过，要在原有的宽度上拓宽 1.5 倍，即 30cm。

猫走廊的设计要点

1 留下看不见的场所。

2 饲养多只猫的场合，要做足够两只猫擦肩而过的宽幅。

3 用猫走起来容易的原材料。

4 重视承重和支撑。

5 设计有趣的"猫咪驻足点"。

材料宜选用材质柔软的针叶树板材，比如松木等；爪子嵌不进的硬质素材、玻璃板或亚克力板之类的光滑材质都很危险，不宜选用。软木板隔音效果不错，但要涂防水涂料，比如亚麻籽油之类的防水油。因为软木的气泡很多，容易吸收水分或污物，不易打扫。

板子的承重能力及支撑它的五金材料也要重视。一般每隔 40cm 安装一个可以承载猫咪 4 倍体重的支撑；一般用两个支架，只用一个支架不够稳定。

猫走廊中途要设置可以让猫咪驻足的窥视孔。对猫咪来说，窥视孔的乐趣在于窥视房间，有点类似人看电视。因为能与人保持距离，所以猫咪可以放心大胆地偷看。只要避开承重材料，做窥视孔其实很简单。挖几个高低不同的洞，从不同的角度看会让猫觉得更有趣。

两侧都可以进入的 3 面墙壁的动线设计 *

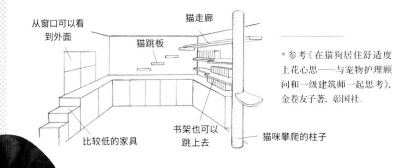

从窗口可以看到外面

猫走廊

猫跳板

比较低的家具

书架也可以跳上去

猫咪攀爬的柱子

* 参考《在猫狗居住舒适度上花心思——与宠物护理顾问和一级建筑师一起思考》，金卷友子著，彰国社。

◆ 听听 DIY 挑战者的意见！

手工制作舒适的猫走廊

> 5 只猫
> ✚
> 两个人的家庭

即使没有 DIY 经验，也能自己制作猫走廊！

自从跟 5 只猫一起生活，雅雄先生无师自通了 DIY 技能。他一边学习一边逐步改变家中环境。

雅雄先生第一次做的是猫咪可以攀爬的书架。将书架设计成向上的台阶，猫咪们会嗖嗖地往上跳。之后，他设计了几条猫走廊。为了给猫咪提供更多的行动路线，雅雄先生还打通了墙壁。照片展示了从楼梯的墙壁通往厨房碗架的通道。

从碗架通往其他房间的猫走廊是雅雄先生的新计划。雅雄先生为新的猫走廊选用了宽 18cm 的板子。为了隐藏衔接支撑木框表面的螺丝，他花了不少心思。为了跟其他猫家具色调统一，雅雄先生选用了特别的涂料来突出材料的木纹，雅雄先生说："在制作过程中，会出现意想不到的困难，我会不断地为解决困难而努力。每次做完都欣喜地发现自己的成长，看到猫咪们玩得不亦乐乎更是充满了成就感，让人不由得想再做一个。"

雅雄先生最近在计划做新的猫家具，濑户家的猫咪们真幸福啊！

濑户喵千沙

濑户家的猫咪们以可爱的跳跃照片在网上获得了大量的人气。千沙女士和老公雅雄先生与5只猫共同生活，它们分别是米尔克、海潮、桃子、里昂和罗凯。千沙女士著有《无与伦比的无重力猫米尔克！》（德间书店出版）和《无重力猫米尔克！！！》（宝岛社出版）。

猫咪停在临时搭板上的样子大家也很喜欢！

从碗架通往其他房间的猫走廊还在建造中时，猫咪们就迫不及待地跳了上去，好像在催促主人："赶紧做出来！"

利用几个周末制作完成

雅雄先生可以DIY猫家具的时间只有周末，他脑海中总是有能让猫咪们开心的好点子。他制作猫家具的时候，千沙女士和5只猫咪会在一旁陪伴他。

增设猫走廊笔记

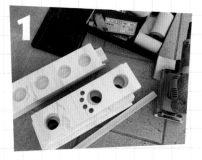

切割猫走廊的支撑板,用砂纸将木头打磨光滑。在板子上做了镂空猫爪的设计。

涂着色剂,干了后再涂清漆。手工制作猫家具的零部件,颜色要统一。

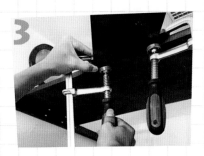

开始安装通道。反复确认,确保安全。

临时架设的通道。先固定通道,再从侧面安装支撑板。猫咪在旁边陪伴。

将木框接到天花板的方法

正面图
天花板
天花板里的轻量钢筋
侧面图
螺丝钉
木榫
L形角铁
木榫

材料

- ·木板
- ·电锯
- ·电钻
- ·涂料(着色剂)
- ·清漆
- ·砂纸
- ·L形夹板2个
- ·L形角铁
- ·螺丝钉
- ·木榫
- ·尺子
- ·木材用黏合剂
- ·梯子

如何在墙上打洞

确定附近没有承重材料后，在 4 角打洞，再用细的锯子锯开。

猫隧道的制作方法

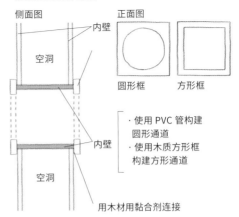

侧面图

内壁

空洞

内壁

空洞

正面图

圆形框

方形框

· 使用 PVC 管构建圆形通道
· 使用木质方形框构建方形通道

用木材用黏合剂连接

在猫走廊中打滚

在猫走廊的侧面加上木框，这样猫咪躺着打滚也不会掉下来。

停下时容易将屁股露在外面

猫咪穿过猫走廊的时候，不知道为什么总是将屁股露在外面。我忍不住感慨：露出来的屁股好可爱。

受猫青睐的 DIY 猫家具还有这个！

可以看到外面景色的圆窗也能手工制作

这不是猫走廊的一部分，而是圆窗。跳上跳板就能眺望外面。

像"满月与猫"的画面。

3 去参观别人的家

"想跟猫咪一起愉快地生活，又不想放弃喜欢的家装风格。"我在收集跟我有这一相同想法的人的信息时，发现了很多跟猫咪一起生活的漂亮小家。

于是我去拜访了一些心仪家装风格的家庭，询问了"房间是怎么布置的""如何打扫卫生"之类的问题。来听听他们的处理方法吧！

跟我一起去拜访与猫共同生活的漂亮小家吧！

北欧极简风格
玲子女士和研先生的家

住在公寓也能享受 DIY 的乐趣，家中处处构思巧妙！

玲子女士和研先生这对夫妻与两只猫一起生活在公寓中。他们换了公寓的墙纸，手工制作了猫爬架和猫厕所。走进他们家，就能感受到夫妇俩十分享受共同 DIY 的乐趣。

他们用支柱撑在地板到天花板之间，然后在支柱上嵌入板子做成猫爬架的做法十分引人注目。支柱有 4 根，考虑到猫的行动路线将跳板交错排列。这个顶天立地的猫爬架是这对夫妻家的第二个猫爬架，第一个是在市面上购买的。夫妻俩 DIY 的作品比市面上买的跳板更宽，猫可以在上面悠闲地打盹，来去自如。看来他们为了做这个猫爬架花了不少心思。

家里还有一个令人注目的地方，那就是他们用同样的木材 DIY 的猫厕所。在手工制作的木房子当中放入买来的猫砂盆，猫厕所完美地与自然风格的家装融合在一起。

两只猫 ✚ 两个人的家庭

红叶

木叶

在"猫狗寻亲会"上邂逅的两只猫。

玲子女士
你好。

我喜欢
这个猫爬架

猫厕所
在这里

玲子女士和研先生曾纠结到底要放置几块跳板。L形金属角铁的承重力是 20 千克，这种强度可以放心地让猫随便跳。

用仿真绿植防止猫咪恶作剧

木叶晴过装饰用的满天星，之后家里所有的植物都换成了仿真的。

欢迎光临，矢野女士。

玲子女士和研先生

两位都是设计师。玲子女士从小就跟猫一起生活，研先生也很喜欢猫。于是他们去"猫狗寻亲会"上领养了这两只猫。夫妻俩的另一个共同兴趣是电影鉴赏。

打扫的时候从前面打开

玲子女士和研先生 DIY 的猫厕所不只是屋顶可以取下，前面的围栏也能打开，打扫十分轻松。侧面的隔板是用 3 块木板连在一起做成的。

宽敞的 DIY 猫厕所

猫厕所和猫跳板用同一种原材料制作而成。猫厕所看上去好像一个木房子，猫砂不会暴露在外面，也不会飞得到处都是。猫咪们似乎很喜欢这个木房子，在里面感到宽敞又安心。

木纹图案的猫窝
和猫抓板

组合式的猫窝和竖着的猫抓板都是明亮的木纹图案，与房间整体风格相统一。

猫窝随处可见

为了防止猫咪为争夺椅子打架，他们在椅子下面放了一个圆形的猫抓板。这种瓦楞纸材料的猫抓板两只猫都很喜欢。

在纯手工制作的猫跳板上打瞌睡

玲子女士和研先生把猫跳板做得尺寸足够宽，让它们可以被用作猫咪们的休息场所。两只猫会争抢最高处的跳板。为了减少噪声，猫跳板上还贴了软木板，对猫咪来说有防滑的作用和类似软垫的触感。

软木板

将猫玩具收纳在一起

为了随时随地跟猫玩，玩具都放在容易拿出来的收纳盒中。轻飘飘的羽毛玩具是猫咪们的最爱。

设置了防护网的窗台更安全

为了防止猫咪在窗边看到鸟时，对活动的鸟有反应而跳出去，玲子女士和研先生设置了确保猫咪安全的防护网。

在躺椅上做日光浴

两只猫经常并排躺在放置在阳光充足的窗边的躺椅上晒太阳。

在床上
酣睡

卧室是让人安心的场所。

木叶和红叶
看起来
很亲密呢。

玲子女士和研先生白天外出工作时，猫咪可以在房间里自由活动。跳到床上也没问题，因为他们在床上铺了防猫毛的床罩。天热的时候，他们会打开客厅的空调再出门。

不在家时，
可以随时调取摄像头看猫咪在干什么

可上下 90° 转动、左右 270° 转动的监控摄像头让玲子女士和研先生在白天不在家时，可以通过智能手机随时确认猫咪在干什么。如果看到视频中有什么地方不对劲，夫妻俩可以及时在网上交流。

自从有了猫，感觉世界都变得更宽广

玲子女士和研先生家的两只猫，一只叫木叶，一只叫红叶。它们俩虽然不是亲兄弟，但以前曾被同一个饲主领养，感情非常好。夫妻俩在寝室的柜子上铺设了猫窝，还准备了一个甜甜圈样式的猫窝。两只猫咪经常黏在一起睡。

"看着两只猫惬意的样子，就是我们最悠闲的时光。自从有了猫，我们夫妻的交流变多了，还开始 DIY。两只猫让我们的世界变得更宽广。"玲子女士说。

两人接下来打算做环绕型的猫走廊。他们会定期改变家装风格，连带着猫咪们的行动路线与落脚点也会改变。对喜欢装修的两个人来说，DIY 猫家具无疑是实现新构想的好机会。

柜子上放了让猫随便翻滚的猫床

玲子女士和研先生为了在寝室跟猫咪们一起睡，在柜子上放了能躺得下两只猫的宽敞猫床，十分柔软。

实用的甜甜圈样式的猫窝

"Fuzz Yard"品牌的猫窝的尺寸能让猫咪完全陷进去。这款猫窝是冬夏两用的，还可以整个放进洗衣机里洗。

打通隔墙，
客厅和餐厅变得更宽敞。

◆ 养猫小窍门 1

用刷子打扫地板

玲子女士和研先生会将家里的绒毯卷起来放在沙发底下，然后用刷子清除猫毛。

◆ 养猫小窍门 2

猫食盆放在亚克力架上

用无印良品的亚克力架做成的小饭桌，能为猫咪提供方便的高度进餐。透明的亚克力板看起来很干净，跟白色的猫饭碗也很搭配。

家中的 DIY"事业"一般是玲子女士负责出点子，研先生动手做。两个人打通了客厅与餐厅的隔墙，使空间变大了。在有限的空间内，玲子女士和研先生让喜欢的东西与舒适感维持了良好的平衡。

◆ 养猫小窍门 3

用除毛刷做皮肤清理

经常给猫咪刷毛的话，它们就不会大量掉毛，还能防止产生静电，猫的皮肤会更健康。家里的两只猫都喜欢刷毛。

◆ 养猫小窍门 4

硅藻土地垫备受青睐

也许是硅藻土材质的粗糙让猫咪感觉很舒服，红叶很喜欢浴室里的硅藻土垫子。玲子女士说，只要发现它不见了，肯定是跑到这里来打滚了。

◆ 养猫小窍门 5

食物放在密封容器中保存

两只猫的食物以减肥猫粮和冻干鸡胸肉为主。玲子女士和研先生将这两种食物分成小袋，放在密封容器中，跟计量杯一起收纳。

◆ 养猫小窍门 6

轻松清除猫毛的专用小道具

用黏性滚筒和除猫毛专用工具就能轻松扫除猫毛，不需要使用吸尘器。此外，家中除臭剂使用的是纯天然原料的。

2 通过改装，和猫咪一起舒适生活
有希女士的家

用开放式的隔墙改变居住氛围

最早来到有希女士家的是猫咪海胆，之后有希女士就将搬家计划提上了日程。她的目标是找一套人与猫都能生活得舒适的房子，选择可以改装的家具。后来，丸太成为家庭新成员。有希女士家并没有完全为满足猫咪需求而设计，而是较为随意地增设了猫门洞和猫隧道，因为有希女士更喜欢简单自由的空间。房间是客厅、餐厅、厨房连在一起的房型，有希女士将砖墙结构中无法拆除的承重墙有效活用，设计了嵌入墙壁的餐桌，以墙为界划分房间区域。

这样，房间的氛围变得更加有趣。

两只猫、1只乌龟 ✚ 两个人的家庭

丸太

海胆

小P

有希女士，
打扰了。

击掌！

海胆的特技是"击掌"，丸太现在也学会了。

房间中央的餐桌嵌入承重墙中，
出入口是开放式的，空间很宽敞。

猫饭桌在架子的最下层

书架的最下层是海胆吃饭的饭桌。高度正好，头
在格子里也能随意转动。

欢迎光临。

有希女士

小时候家里养狗，长大后看
到一个人住的朋友养猫，就
去"猫狗寻亲会"上领养了
海胆。她的合作伙伴也是个
无可救药的"猫奴"。

等开饭的猫咪。

做手工
真的很有趣!

2

◆ 养猫小窍门 1

将猫厕所和人的厕所设置在同一场所

有希女士按计划将猫厕所跟人的厕所设置在同一场所。海胆会玩卷筒纸，所以有希女士将卷筒纸放在较高的地方。这里也成为猫咪的"避难所"。

◆ 养猫小窍门 2

猫粮都放在容器中保存

干猫粮有两种，偶尔也会喂湿粮。丸太是个贪吃鬼，在为猫咪们准备猫粮时它就会迫不及待地跳过来，于是就让它在笼子里等开饭。水碗用的是比较高的器具。

◆ 养猫小窍门 3

手工编织毛线球玩具

有希女士喜欢做手工。她会编织毛线球给猫咪当玩具，球当中还放了铃铛。

◆ 养猫小窍门 4

猫咪事项留言板

有希女士会写一些"今天让猫咪吃药"之类跟猫有关的事。留言板也是家庭成员交流的地方。

跟两只猫和一只乌龟一起生活，说不定会更轻松？

搬家后，丸太和乌龟小P成了家庭新成员，有希女士的生活方式也发生了改变。以前她喜欢用各种东西装点房间，自从跟猫和乌龟一起生活后，她觉得简单的生活方式才是最舒服的。

"东西多了就容易被猫咪踢落，每次我都很生气，心情也变得很糟糕，后来我改变了思维方式。有了猫之后，我的预测能力和调控能力都提高了。最后我觉得还是东西少点比较好，心情也变轻松了。"于是，有希女士家就变成了猫和人都能自由自在生活的小家。

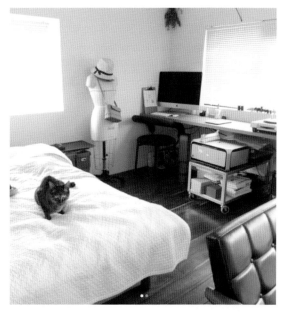

乌龟小P

猫咪们跟在房间里放养的乌龟小P关系很好，看起来是认同了彼此的存在。

客厅、餐厅、厨房以外的房间被作为书房和寝室。门下面做了猫门洞，猫咪们可以自由出入。

通风很好的客厅。

从厨房方向看过去，客厅中照进来的阳光、吹进来的风让人心旷神怡。为了方便打扫，地板上尽量少放东西，保持空间的宽敞。

房间外的道路上人车川流不息，喜欢看动的东西的猫咪，经常在这里向外眺望。

喜欢向外张望的猫咪。

在沙发上打滚

客厅里最抢眼的是这套绿色的沙发椅，它们的靠背很舒服。猫咪们很喜欢在椅子上打滚。

修缮猫咪们破坏的布料

猫咪会啃咬、抓挠沙发椅上的布料。好在稍做修缮，椅子看上去就会有一种古早风格。

毫不起眼的猫隧道

猫隧道让猫咪们可以自由出入卧室。在关上门想要保持室内温度的时候，这个设计真的很方便。

绿植专用百叶窗

有希女士很喜欢植物。但是猫咪会糟蹋花花草草，于是她用百叶窗阻隔猫咪接触植物。

用扫地机器人和拖布打扫房间

拖地是每天的"必修课"。家里没人的时候有希女士会使用扫地机器人，猫咪们甚至会坐在扫地机器人上。

唱片机与猫

猫对滴溜溜转动的唱片机很感兴趣。当唱片机转动的时候，它们就会忍不住伸爪。丸太看起来就像 DJ* 在打碟选曲。

---

* "Disc Jockey"，可以翻译成唱片骑师。

出入很方便！

可以自由出入厕所的猫门洞

因为有希女士家是开放式房间，猫咪们如果想去安静的地方，就只能去厕所了。猫门洞只要轻轻一推就能打开，而且可以从两个方向打开，非常方便。

人和猫都悠闲自在的房间
浜村女士的家

只要人过得舒心，猫自然也惬意

走进浜村女士的家，从玄关穿过走廊就是餐厅。从餐厅再往里走，是比地板低一阶的"下沉式客厅"。"在房屋翻修的时候，我要求做一个比地板低30cm的下沉客厅。下沉一阶，空间就会出现分层，感觉更宽敞。"客厅里铺满了各种式样的地毯，上面摆放着五颜六色的坐垫，让人不由得想在上面打滚。窗台旁还有吊床在摇曳，固定在墙上的书架上插着几块板子作为猫跳板。

浜村女士说："板子可以随时换位置，这样猫才不会觉得腻。"马基雅维利擅长爬高，它总是在高处休息。浜村女士特别喜欢书籍和小工艺品。容易损坏的东西都摆在猫咪够不着的地方。不过到目前为止，马基雅维利还没搞过破坏。

---

1 只猫 ✚ 两个人的家庭

马基雅维利

马基雅维利是曼基康猫。

马基雅维利所在的地方是低一阶的客厅空间，铺上地毯就很想在上面打滚。

浜村女士，打扰了。

矢野女士，
欢迎。

浜村菜月

与猫咪一起在下沉客厅里打滚

坐在下沉客厅边缘的地板上，感觉就像坐在被炉中。

摄影师，擅长时尚人物摄影，较多作品刊登在女性杂志上。著作有《跟猫咪一起玩转照片墙》（有电子书版本）。

用地板板材做猫跳板

插在书架上的猫跳板，用的是结实的地板板材，承重能力很好。

厨房里的餐具都挂起来

为了不让猫碰倒餐具，把餐具都放在厨具架子上。

用各种毛刷应对掉毛问题

马基雅维利不喜欢用针形毛刷刷毛，因为它的毛很细，一摩擦就容易缠在一起。于是浜村女士改用橡胶刷。

来自海外的编筐和玩具

编筐是在摩洛哥买的，逗猫棒是在俄罗斯和意大利买的。这些猫咪用品都使用了日本罕见的配色，给了浜村女士创作灵感。

工艺品放在猫够不着的地方

浜村女士喜欢旅行，家里的架子上摆满了从海外带回来的工艺品，其中还有几个来自海外的猫玩偶。她把它们都摆在猫咪上不去的高处架子上。

书架上插着可自由调整的猫跳板

之所以在书架上插猫跳板，是因为浜村女士找不到中意的猫爬架。不过猫跳板比猫爬架上的跳板更宽，可以改变位置又不占地方，细细数来都是优点。

◆ 养猫小窍门 6

自己做五颜六色的玩具

如果浜村女士在市面上买不到中意的玩具，就会自己动手做。她还会在小老鼠玩偶中放猫咪喜爱的猫薄荷。

餐桌上什么都不放，猫咪跳上去
也没关系，看上去非常清爽！

干粮在密封瓶中保存

猫粮放在密封瓶中收纳，量多
量少一目了然，非常方便。放
在厨房里也不会产生违和感。

坐在地毯上时顺手清理猫毛

用服装除尘滚筒清除地毯上
的猫毛。坐在地毯上时可以边
放松休息，边顺手清除猫毛。

洗脸池下面放了两个猫厕所

两个猫厕所里准备了两种不同
的猫砂。因为放在瓷砖上，砂
子撒在外面也容易清理。

让猫咪感到悠闲自在的小家

因为地板是坚硬的栎木，为了不给猫咪的腿部增加负担，铺了几个地垫。红色的这张是在摩洛哥买到的。

白色的沙发是马基雅维利午睡的地方，沙发下是它想藏起来时的避难所。木椅子是它瞭望阳台用的台子。

为了让猫咪自由出入，家里做了无阻隔设计。从客厅到走廊用浜村女士自己做的窗帘隔断。

浜村女士跟我提起了在马基雅维利成为家庭成员的那一天，她兴奋地买了猫窝结果完全没派上用场的失败经验。之后她改变了思维方式，不再拘泥于购买猫咪专用的东西。现在家里的东西基本上都是人猫共用的。

窗边的猫走廊

为了方便马基雅维利在窗边眺望，百叶窗用的是上下开合的类型。因为希望马基雅维利能绕开植物走，浜村女士在窗边做了个猫走廊。

舒服的吊床

高兴的时候可以在吊床上面玩，困的时候可以在上面打盹，使用的方式很多。

用麻绳做成的猫抓柱

猫抓柱是竖着的类型，马基雅维利可以将身体伸直了去抓。这是个让猫咪转换心情的玩具。

猫包也是家装的一部分

这个藤编的猫包是在东京婴儿车商店购买的。放在走廊上，猫咪偶尔会钻进去。

如何清除猫毛？

浜村女士家的地毯、布制品很多，是如何清除猫毛的？

浜村女士说："打扫地毯用滚筒和衣服除尘刷、吸尘器。厨房因为是开放式的，不想被猫碰的东西会放在高处，所以清理起来并不难。我家的垃圾箱很深，吃的东西不会随便放在外面，这样也避免了一部分麻烦。不过多少总会粘上点猫毛，我已经放弃一尘不染了。"

浜村女士的想法是：首先要确定自己喜不喜欢，先给自己制造一个舒适的空间。猫玩具如果自己喜欢，马基雅维利也中意的话就马上买下来；如果没找到中意的，就自己动手做。最终目标是制造一个人与猫都满意的空间。像这样身边都是精挑细选的东西，人和猫都会感到满足。她说："我也考虑过买市面上的猫爬架，但是一直没找到心仪的设计，于是就决定自己 DIY。我多数时间在家工作，很在意房间的摆设和布置。"

吃饭的饭桌在厨房

马基雅维利吃饭的饭桌在餐桌旁，喝水的碗用的是高碗，防止它不消化吐出来。只有在家里一两天没人的时候，才会给它用自动喂食喂水机。

猫毛清除真的是非常麻烦呢。

4 猫与狗共同生活的开放式装潢
山中女士的家

猫狗有很多地方可以待的小家

婚前，山中女士养狗，丈夫既养猫又养狗，两个人都很喜欢小动物。在组建新家庭的时候，他们在人的厕所空间中设置了猫厕所，还给从拥挤的饲养环境中救出来的小狗凯创造了专有空间，描绘出一幅猫狗其乐融融的小家景象。之后，猫咪增加到了4只，它们开始争夺舒适的场所。

山中女士说："窗边原来放着一个猫爬架，后来在它的对面又放了一个，增加猫咪们的落脚点。"窗下和沙发后面各放了两个猫窝。山中女士为给猫咪提供丰富的活动路线和落脚点做了很多准备。

客厅里放了好几个软垫、篮筐和猫窝，为了让猫咪感到舒适，山中女士花了很多心思。

4只猫、1只狗 ➕ 两个人的家庭

可可

凯

米罗

诺亚

索娜

山中女士，打扰了。

猫爬架最上面是亚克力板，可以看到猫咪的小肉垫。

矢野女士，
欢迎光临!

山中女士

首饰设计师。为了减轻猫咪
的身体负担，没有在它们体
内植入芯片，而是用安全皮
带扣制作了项圈。

从一个猫爬架到另一个猫爬架的动线

先从窗边的猫爬架跳到吊床上，再从吊床跳
到另一个猫爬架上去。

基本准则是物品猫与人共用

厨房是开放式的，餐具都放在外面，不过猫咪们不会来捣蛋。狗的食盆放在地板上，为了不让狗吃猫的猫粮，猫食盆都放在柜台上。宠物食盆用的都是护颈的高碗。为了配合简单的装修风格，不增加颜色数量，每个房间的东西都精挑细选。因此，山中女士不会买稀奇古怪的猫玩具，它们放在房间里会显得有些格格不入。

寝室里虽然没有任何猫咪专用的东西，但是猫咪还是会来寝室跟山中女士一起睡。山中女士说："房间的一角放着猫笼，索娜习惯吃完点心在那里睡觉。"

厨房的东西都是放在外面的

时尚的开放式厨房。猫咪也能随意出入，它们不会在这里捣乱。

跟猫咪一起睡的卧室。

猫咪们喜欢这个针织的矮墩

有点高度的圆形矮墩，趴在上面大小刚刚好，于是就变成猫咪们的专座了。

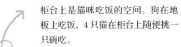
柜台上是猫咪吃饭的空间。狗在地板上吃饭，4只猫在柜台上随便挑一只碗吃。

地板敞亮，容易打扫

山中女士是位首饰设计师，厨房窗边的空间是她用来创作作品的地方。这里自然光线柔和，对猫咪来说也是个舒适的场所。只要她开始做首饰，4 只猫当中总有 1 只陪在她身边，于是它们就成了山中女士挂首饰的模特。她卖出首饰的一部分收入会捐给猫咪保护组织。

山中女士说："我家的家装也好，我做的猫玩具也好，风格都很相似。我想买什么猫玩具的时候，会挑选符合家装风格的朴素玩具，但总是找不到好看的。前几天去婴儿用品商店，发现给婴儿用的玩具对猫来说尺寸也刚刚好，设计还很时尚，意外地很合我眼缘！"

木质地板上，只有沙发前铺了地垫。清除猫毛时先用吸尘器吸，再用无印良品的拖布拖地板。因为所有房间的地板都是一样的板材，给人宽敞感和统一感。

◆ 养猫小窍门 1

猫咪上过厕所后，马上打扫

搬家后，索娜和米罗成为新的家庭成员，二楼也设置了猫厕所。山中女士平常在家工作，一看到厕所脏了就马上打扫。

◆ 养猫小窍门 2

观叶植物都是仿真植物

因为猫和狗都有啃植物的习惯，所以室内的观叶植物都换成了仿真植物。这样就不怕它们乱啃了。

◆ 养猫小窍门 3

购买婴儿地垫，将玩具放在篮子里收纳

山中女士觉得这个婴儿地垫既有设计感又时尚，于是就买来给猫用。猫玩具都放在篮子里收纳，结果猫咪也爱往里钻。

◆ 养猫小窍门 4

准备两种饮水器

猫用饮水器放在无印良品的亚克力架子上。山中女士还准备了一个高脚容器。

猫咪在工作场所监工

靠窗一面的转角处放了张桌子，是山中女士制作首饰的地方。猫咪们在她身边向外眺望，悠闲地消磨时光。

工具放在猫咪够不着的地方

工作用具没有放在宽敞的工作桌上，而是挂在墙壁上。

可爱的蝴蝶结项圈非常有人气！

山中女士擅长简洁的设计，但她设计的这款可爱的蝴蝶结也很有人气。

作品的模特大家轮流担当

模特诺亚非常适合这款承载着满满爱意的手工项圈。诺亚非常聪明，工作时不会来捣蛋。

家里没人时会装上隔离门

家人都外出只留下猫狗的时候，会将凯和 4 只猫咪用隔离门隔开。有时猫咪们会跳过隔离门，但是猫狗从未发生冲突。

猫与狗共同生活的守则

狗在别的地方吃饭

凯吃饭的空间跟猫咪们分开，水盆也是专用的。

因为狗狗凯是从拥挤的饲养环境中解救出来的，刚回家时情绪不是很稳定。当初山中女士看它如此躁动有点担心，特地为它在二楼开辟了独立的空间，如今它已经跟家里的猫打成一片，跟生活在附近的山中女士的母亲家的狗很要好。刚开始，山中女士本想打造猫狗分开的休闲空间，结果出乎意料的是，4只猫和 1 只狗，外加山中女士母亲家的两只爱犬和谐地生活在一起。

母亲的爱犬

山中女士的母亲就住在附近，家里有两只爱犬提亚和汉娜，她经常带着它们来山中女士家玩。于是就变成了 7 只动物一起生活的大家庭。

5 "猫保姆"精心设计的家装
西谷女士的家

配置让猫咪愉悦的家具

西谷女士很喜欢拍照，借着迎接第一只猫特洛伊为家庭成员的契机，她报了专门拍摄夫妻照片的小岛先生开办的摄影教室。在这里，通过跟与猫共同生活的人交流，她不再满足于单纯地养猫，开始对如何跟猫一起生活得更愉快产生了兴趣。"那时候我家正好迎来了第二只猫卡琳，于是我对如何跟猫一起愉快地生活越来越感兴趣。"

在大阪，"猫保姆"（上门喂猫）这一职业的先驱者——"猫之森"的南里秀子开办了研讨会，西谷女士因为感兴趣就参加了。在研讨会学习的过程中，西谷女士对上门喂猫的"猫保姆"职业产生了浓厚的兴趣。不过"猫保姆"的专门研讨会要有两人以上才开课，幸好当时有志同道合的人，于是西谷女士报了班去听课。"我现在一边在会计师事务所工作，一边以京都市为中心从事上门喂猫的'猫保姆'工作。通过研讨会我认识了很多爱猫的同好，还经常一起去参加公益活动。"

将从宜家购买的家具组装、横向排列，摆放成阶梯状。

3 只猫 ✚ 两个人的家庭

卡琳

奥利奥

特洛伊

西谷女士，打扰了。

你好，
欢迎光临！

只要有洞就想钻

"只要有洞，就想把脸探进去看看"是猫的天性，于是西谷女士在家具上开了几个猫用的洞。

西谷女士

"猫保姆 NEKO+NEKO Plus"的负责人。以前明明是"犬派"，自从跟特洛伊一起生活后完全变成了"猫派"。座右铭是："跟猫咪一起生活，得到无限的愉快好心情。"

西谷女士家的客厅、厨房、寝室整个连在一起。床的侧面放了一排矮柜做阻隔，猫咪们能跳上跳下，来去自如。家具是统一的白色，从白色的猫爬架到旁边矮柜、电视柜、长桌，设计出一条猫咪行走的行动路线。"即使没有猫咪专用的家具，也可以从宜家买来家具自己组装，设计出让猫咪可以来回跑的猫跳板。"西谷女士家向上爬的地方很多，猫咪们可以愉快地玩耍。

软乎乎

用矮柜做床的阻隔

床的侧面放了一排矮柜做阻隔，柜子上面什么也不放，做猫咪的落脚点。

◆ 养猫小窍门 1

地上铺绒毯，可以吸收噪声和冲击力

听闻朋友家的猫跳到地板上骨折了，于是西谷女士在地板上铺了吸收冲击力兼防噪的正方形绒毯。哪块脏了就换哪块，还有抗菌和防水的效果。

◆ 养猫小窍门 2

用不怕猫磨爪子的家具罩

特洛伊喜欢在软凳上磨爪。所以西谷女士选了可以换外罩的软凳，罩子抓坏了可以换一个。特洛伊怎么抓都可以。

◆ 养猫小窍门 3

将盒子做成楼梯状，方便宠物爬上床

特洛伊已经是 13 岁的老猫了，于是西谷女士将从宜家买的长方形收纳盒摆放成楼梯状，方便它爬上床。

◆ 养猫小窍门 4

水放在高台上

因为奥利奥不怎么爱喝水，西谷女士在室内4 个地方都放了水盆。为了让它喝起来方便，还把水盆垫高放在高台上。

和室大改造，定做猫跳板

附带跳板的墙壁可以打开，里面是壁橱。猫走廊接近天花板，旁边的墙壁是顶柜，也可以打开。墙壁的两侧都可以往上跳，对 3 只猫来说十分便捷。

支柱用麻绳包裹起来，做成猫抓柱。优点是足够高，猫咪可以将身体伸长了去抓。

中央板里是上厕所的地方

中央板的里面设置了猫厕所。隐蔽又能感觉到人的气息，是猫咪们很中意的场所。

跳板上贴了防滑垫

在猫跳板上贴了防滑垫，猫咪跳上去的时候还有吸音效果。

将不知道如何使用的和室进行改造，让它与猫家具一体化

当第三只猫奥利奥成为家庭新成员的时候，西谷女士下定决心将房间做一次彻底的大改造。"我家有一间利用率很低的和室，我希望将它和客厅打通，让空间变得更宽敞；同时希望装修公司能帮我将这里设计成人和猫都感到舒适的场所。"

"我去找大型的装潢公司咨询，对方的报价高达 100 万日元，而且在施工期间，不承接针对猫家具的改造，于是我没有委托他们。后来我发现某家杂货店店主兼职经营设计公司，他那里有猫家具的迷你模型，于是向他咨询。对方非常理解我希望人和猫都能使用的装修需求，在设计、预算和猫家具的改造方面也深得我心，于是就在那里下了订单。原本我就没打算全部做成给猫咪专用的家具，还做了收纳空间、顶柜，再将放置猫厕所的地方隐藏起来，与房间融为一体。就这样完成了和室改造。"

西谷女士摒弃了和室的概念，对其进行彻底的大改造，设计出人与猫都觉得舒适的房间。

跳板也很有个性

跳板是以体重最重、体型最大的特洛伊为标准打造的。有的做成阶梯状，有的在上面放了软垫，每块猫跳板都很有个性。

从高处可以环顾整个房间

猫走廊上挖了个洞，可以从洞里钻上去。这条猫走廊兼具了打瞌睡和俯视室内风景的功能。

我家的 猫房间

我们来参观一下猫咪中意的房间

猫的地盘意识很强，会想要自己的落脚点。这里集结了一些网友们为猫咪们精心设计的漂亮房间，这些房间的装潢都很时尚，令人羡慕。猫咪们似乎也对自己的房间很满意。

牟久的家

牟久　♂ 3 岁

自然风格的家装，房间内有大量的针织品。三花猫牟久在这里生活，它是个聪明的毛孩子，不会去糟蹋植物。

短助的家

 短助　♂2岁

这间短助引以为傲的房间里有用和纸胶带勾画出的小家和纸管做出来的吊床。黑白风格还挺时髦的。

吉娜的家

 吉娜　♀3岁

窗边的写字台是给吉娜向外眺望用的，和室房间里放着猫塔，不仅充分契合房间的风格，还显得很时尚。

米亚和乌亚的家

 米亚　♀7岁

 乌亚　♂8岁

家里有很多五颜六色又可爱的北欧风家具！粉色的椅子是米亚的专座。在上面磨爪子也没问题。

桃次的家

 桃次　♂1岁

这是桃次的房间，用3层猫吊床代替了猫爬架。下面的懒人沙发据说是给桃次跳下来时落脚用的，好棒啊！

我家的 猫跳板

想看猫咪跳跃的瞬间

在室内生活的猫咪行动范围十分有限，为了它们的健康着想，如何能让它们运动起来呢？猫跳板解决了这个问题。猫咪喜欢什么样的行动路线？来看看大家在设计动线上花的心思吧，有些猫跳板构思巧妙，让人忍不住想模仿。

茂介、狸吉和三辅的家

	茂介	♂ 6 岁
	狸吉	♀ 7 岁
	三辅	♀ 2 岁

为了让猫咪们能跳到帘轨之上，跳板经过了一番设计。3只猫决定好哪块是自己的地盘了吗？这动作看起来好像在说："在下面等着！"

巧克力的家

 巧克力 ♂ 2岁

板子前面装了一根棍子，在防止猫咪掉落方面的设想真是细心周到。这样巧克力就可以安心午睡啦。看啊，它已经睡得不知今夕何夕了。

茶茶的家

 茶茶 ♀ 1岁

买的架子本来不是给猫用的，但是自从家里有猫之后就变成猫跳板了。讨猫咪欢心纯属偶然。

小近的家

 小近 ♂ 3岁

镶在墙壁上的猫跳板上，附带一个猫用的小窗。小近从小窗里面探出脑袋，烦恼着要不要从跳板上下去的模样好可爱。

茶茶丸的家

 茶茶丸 ♂ 7岁

据说这是在后院设置的台阶，为了让它从1楼爬上2楼。看这充满速度感的一跃！努力向上跳吧，茶茶丸！每天都要运动！

我家的 猫玩具

遇到喜欢的玩具就玩得停不下来！

猫咪一般要么待着不动，要么躺着打滚，最喜欢会动的、摸起来舒服的、好闻的玩具。如果有人陪它们一起玩，它们就会突然变得很精神。今天要玩什么玩具呢？这是猫咪最期待的事。

可可的家

可可　　　　　♀ 4 岁

中意的纸箱猫窝还贴了英文报纸，好时髦啊！一脸严肃的可可是个很酷的美人。

悠乃的家

 悠乃 ♀ 7 岁

手工制作的猫抱枕，长32cm，里面还放了猫薄荷。不仅可以用来踢，还能用来当枕头，一举两得。悠乃枕起来刚刚好。

罗洛的家

 罗洛 ♀ 3 岁

竟然有 3 个手编的毛线球！里面放的是猫薄荷和铃铛，是将罗洛玩坏的玩具再利用做的，罗洛玩得很高兴。

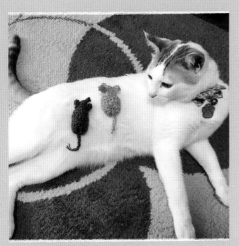

冬麦的家

 冬麦 ♂ 1 岁

手编的老鼠玩具大小正好，冬麦会叼着老鼠玩具到处跑。

乌亚的家

 乌亚 ♂ 8 岁

乌亚在玩主人睡裤上的绳子。对乌亚来说，什么玩具都不如绳子好玩。

我家的 猫窝

可以安心睡觉了

猫咪每天睡觉的时间很长，作为主人总想给它们一个可以安心睡觉的猫窝。有些猫会睡在主人准备的猫窝里，有些猫待在舒服的地方不知不觉就睡着了。对我们来说，猫咪只要觉得舒服睡哪里都可以，因为我们总是被它们可爱的睡姿治愈。

海胆的家

海胆 ♂ 2 岁

这个手工制作的猫窝是用羊毛线编的，一点都不扎人。这个充满爱意的小窝，海胆高兴地笑纳了。

豆子的家

噗噗的家

 豆子 ♂ 3 岁

在宜家买的给人偶用的小床，刻上豆子的名字变成了豆子的床。用粉色的毛巾代替被褥，跟豆子的毛色搭配在一起还挺好看的。

 噗噗 ♀ 11 岁

在类似长凳的收纳柜上，铺一层夹棉软垫当被褥就变成了猫窝。富有少女气息的小床，非常适合少女噗噗。

茶乃的家

可可的家

 茶乃 ♀ 7 岁

茶乃非常喜欢这个瓦楞纸制作的猫爪板，它将自己团成个团子睡在上面。身体紧贴着脸，团得圆圆的好可爱。

 可可 ♂ 11 岁

本来是给人用的记忆棉沙发，结果完全变成可可的专座。看来它是深谙记忆棉沙发的舒适，尽情利用。

看到篮子就想钻进去

猫喜欢完全把自己装进去的袋子或箱子，看到篮子就更加欲罢不能，一定要钻进去确认下舒不舒服才罢休。篮子有各种各样的形状，圆形和四方形的它们都想试试。家里的人看到猫在篮子中总是微笑以对，这说不定催化了猫咪的愉悦情绪。

小天的家

小天　　♂3岁

黑鼻头下方一撮小胡子是小天的特征。它喜欢白色的洗衣篮。跟它也的确很配。

普卡和莫格的家

 普卡 ♂3岁

莫格 ♀3岁

普卡和莫格是一对亲密的茶虎斑兄妹，两只总是一起钻进铺着柔软毛巾的篮子里。

特特和小棕的家

 特特 ♂3岁

小棕 ♂3岁

特特和小棕两只小家伙，非要挤在浅口篮里。稍微动一动感觉就要掉出来了，呼呼大睡的样子好可爱啊。

凯凯的家

 凯凯 ♂2岁

凯凯睡在大小两个编筐做成的双层猫窝上，下面一层用来收纳玩具。这是个将编筐充分利用的好方法，让人忍不住想模仿。

费加罗的家

 费加罗 ♀8岁

喜欢篮子的费加罗，跟复古的购物篮非常搭配。红色的项圈也好可爱。

我家的 猫厕所

完全融入家装！

既想要猫厕所保持清洁，又想让它完全
融入家装，最重要的是容易散味和方便
清理。大家是怎么在这上面花心思的
呢？下面我们来介绍几个好点子。

凯的家

凯   ♂2岁

在走廊墙壁上开个洞做的猫厕所
空间，完全将厕所放进去了！好
棒！上面一层用于收纳。

牟久的家

牟久   ♂3岁

猫厕所竟然放在壁橱里！平常卸
下壁橱的拉门，在这里似乎可以
安心上厕所。

望光的家

望光   ♀1岁

厕所罩子兼猫跳板一体化的家具，
多么出色的设计！厕所上的抽屉
用起来也很方便。

后记

我从小就很喜欢猫，自己也没想到有一天能跟 4 只猫一起生活。工作中偶尔抬起头，看到 4 只猫打盹的模样是我最喜欢的画面。这本书中介绍的内容，都是我在与猫共同生活的过程中尝试过的好点子，还有为了收集素材拜访的家庭的养猫小窍门。如果大家看过后觉得自己家好像也能用，一定要试试，也欢迎大家来跟我交流新的好点子。

"既想跟猫一起生活，又不想放弃自己心仪的家装！"希望能将这本书送到有这种想法的人的身边。愿您与猫咪能生活得更加开心舒适。